BEI GRIN MACHT SICH IHR WISSEN BEZAHLT

AF151438

- Wir veröffentlichen Ihre Hausarbeit, Bachelor- und Masterarbeit

- Ihr eigenes eBook und Buch - weltweit in allen wichtigen Shops

- Verdienen Sie an jedem Verkauf

Jetzt bei www.GRIN.com hochladen und kostenlos publizieren

Felix Eibenstein

Schülerexperimentierwoche: Hinkommen, hinhören, Held sein!

Physikalische Experimente zum Thema Akustik

GRIN Verlag

Bibliografische Information der Deutschen Nationalbibliothek:

Die Deutsche Bibliothek verzeichnet diese Publikation in der Deutschen National-
bibliografie; detaillierte bibliografische Daten sind im Internet über http://dnb.d-
nb.de/ abrufbar.

Impressum:

Copyright © 2011 GRIN Verlag GmbH
Druck und Bindung: Books on Demand GmbH, Norderstedt Germany
ISBN: 978-3-656-28413-0

Dieses Buch bei GRIN:

http://www.grin.com/de/e-book/202226/schuelerexperimentierwoche-hinkommen-
hinhoeren-held-sein

GRIN - Your knowledge has value

Der GRIN Verlag publiziert seit 1998 wissenschaftliche Arbeiten von Studenten, Hochschullehrern und anderen Akademikern als eBook und gedrucktes Buch. Die Verlagswebsite www.grin.com ist die ideale Plattform zur Veröffentlichung von Hausarbeiten, Abschlussarbeiten, wissenschaftlichen Aufsätzen, Dissertationen und Fachbüchern.

Besuchen Sie uns im Internet:

http://www.grin.com/

http://www.facebook.com/grincom

http://www.twitter.com/grin_com

**TECHNISCHE
UNIVERSITÄT
DRESDEN**

Fakultät Mathematik und Naturwissenschaften

Institut für Physik

Professur für Didaktik der Physik

Modul	Ph-SPÜ
Übung	Didaktik und Methodik
	des Physikunterrichts

Semester	WS 2011/2012

Schülerexperimentierwoche

„Hinkommen, hinhören, Held sein - Akustik"

Student	Felix Eibenstein

Studiengang	LA-BA ABS
Fachsemester	Geschichte (5); Physik (5)

Ort, Datum	Dresden, den 07. 11. 2011

1.) Nulla vita sine musica - Akustik

Jeder Schüler[1] hört Musik, viele spielen ein Musikinstrument und doch wissen die meisten nicht, wie Töne entstehen. Unter dem Motto *„Hinkommen, hinhören, Held sein"* wurden deshalb während der Schülerexperimentierwoche auch physikalische Experimente zum Thema Akustik durchgeführt. Die Schüler sollten erkennen und lernen, wie Schall überhaupt entsteht und wie er sich fortbewegt, was die Basis eines jeden Tones ist und wie Lärm gemessen werden kann.

Es wurde sehr viel Wert darauf gelegt, dass die Schüler selbstständig und möglichst frei experimentieren konnten. Durch eine Vielzahl von Experimenten, welche in einzelnen Stationen aufgebaut waren, hatten die Schüler mehrere Gelegenheiten, sich auszuprobieren und der Physik auf die Spur zu kommen. Eine feste Reihenfolge war dabei keineswegs vorgeschrieben. Jede dieser Stationen wurde mit einer selbstverfassten Kurzgeschichte ausstatuiert, welche den Schwerpunkt des Experimentes schildern sollte. Der Protagonist *Holger Hörlos* begleitete die Schüler durch jede der Stationen und diente somit auch als *Roter Faden*. Zu jeder Geschichte wurde eine Frage gestellt, die es durch experimentieren zu lösen galt. Drei mögliche Antworten sollten die Schüler dabei unterstützen. Die Motivation alle Experimente gewissenhaft zu erledigen, wurde erreicht durch ein Wortspiel. Die Antworten jeder Station besaßen je einen Buchstaben. Die Buchstaben der richtigen Antworten ergaben in der korrekten Reihenfolge das Lösungswort *Hoersturz* und die Buchstaben der sogenannten *Non-sense-Antworten* ergaben das Lösungswort *Legendaer*. Die Wahl dieser Wörter war vollkommen willkürlich.

Die Ausarbeitung eines zusammenfassenden Arbeitsblattes wurde von vornherein abgelehnt. Die Gründe dafür sind trivial: die Schüler sollten zum einen nicht den Eindruck erhalten, dass sie in der Schule sind und zum anderen wurde der Fokus auf das Praktische gelegt und nicht auf die Theorie. Das soll heißen, dass die Schüler mehr Zeit mit experimentieren und diskutieren verbringen sollten, als mit schreiben. Das Phänomen der Natur, welches hier durch das physikalische Experiment verdeutlicht wird, braucht nicht unbedingt durch lange Schreibarbeit den Charakter von Langeweile und Zwang aufgesetzt bekommen. Das wäre durchaus nicht zielführend gewesen.

---

[1] Die maskuline Form schließt die feminine Bezeichnung aus Gründen des flüssigeren Lesens mit ein und soll nicht diskriminierend wirken.

2.) Experimentierstationen

2.1. Station 1 - Magie im Wasserglas

Bei diesem Experiment handelt es sich um eine mit Wasser gefüllte Wanne. Das Wasser soll mit Hilfe einer c-Stimmgabel (f = 128 Hz) zum heftigen Spritzen angeregt werden. Durch starkes Anschlagen der Stimmgabel mit einem kleinen Gummihammer erreicht man eine entsprechend starke Schwingung der Gabel. Taucht man diese nun schnell in die Wasseroberfläche ein, so spritzt das kühle Nass wie gefordert in alle Richtungen.

Wie schon erwähnt, wird die Stimmgabel in Schwingung versetzt indem sie angeschlagen wird. Je mehr Kraft man dafür aufwendet, desto stärker schwingt die Stimmgabel. Dass selbige schwingt, spürt man durch die Vibration in der Hand. Außerdem hört man sehr deutlich einen Ton; in diesem Fall den Ton c. Wird die Stimmgabel in das Wasser eingetaucht überträgt sich die schwingende Bewegung der Gabel auf das Wasser, welches in der Folge ebenfalls schwingt. Bei leichtem Anschlagen sieht man an der Wasseroberfläche sehr deutlich Wasserwellen, welche sich von der Stimmgabel kreisförmig in alle Richtungen wegbewegen. Schwingt die Stimmgabel sehr stark, wird mehr Energie auf das Wasser übertragen und vereinzelte Tropfen spritzen an die Glaswand der Wanne. Außerdem stellt man beim Eintauchen ins Wasser fest, dass der Ton fast schlagartig verstummt. Die Ursache dafür liegt in der Dämpfung der Schwingung der Stimmgabel. Diese Dämpfung würde die Stimmgabel zwar auch an der Luft erfahren, jedoch wird der Effekt im Medium Wasser verstärkt.

Die Schüler sollen bei diesem Experiment grundlegende Erkenntnisse gewinnen. Eine Stimmgabel sendet, wenn man sie anschlägt und somit in Schwingung versetzt, einen hörbaren Ton aus. Das legt nahe, dass der Ton seine Ursache in der Schwingung der Stimmgabel hat. Denn, wenn diese ruht, hört man auch nichts. Desweiteren lernen die Schüler eine Variante kennen, diese Schwingungen zu visualisieren: nämlich in Wasser. Wasserwellen sind ein geläufiges Alltagsphänomen und dienen somit als ideale Grundlange, der Ursache des Tons einen Wellencharakter zuzuschreiben. Hier führt man die Schüler zum Begriff der Schallwellen und gibt der Sache einen Namen.

Die Schüler zeigten sich zunächst sehr schüchtern bei der Durchführung dieses Experimentes. Alle schlugen zu sanft an die Stimmgabel, so dass der gewünschte Effekt ausblieb. Erst, als man sie ermunterte, aus sich herauszubrechen und mit viel Kraft die Stimmgabel anzuschlagen, waren viele erstaunt und beeindruckt von dem Experiment.

2.2. Station 2 - Die magische Saite

Ziel dieses Experimentes ist es, anhand zweier Stimmgabeln herauszufinden, warum Gitarrensaiten bei bestimmten Tönen schwingen, ohne dass diese angeschlagen werden. Zwei a1-Stimmgabeln ($f = 440$ Hz) werden hierfür nebeneinander aufgestellt. Schlägt man eine an, so schwingt diese. Das ist vor allem durch den entstehenden Ton deutlich zu hören. Die Schallwellen werden durch die Luft übertragen und regen die zweite Stimmgabel, welche dieselbe Frequenz aufweist, wie die erste, an. Die Stimmgabel beginnt ebenfalls, wenn auch nur leicht, zu schwingen. Da jede schwingende Stimmgabel einen Ton von sich gibt, ist die rein akustische Überprüfung sinnvoll. Ein leichtes Berühren der Stimmgabel, um die minimale Schwingung zu spüren, verfälscht das Ergebnis, da die Schwingung gedämpft wird. Dieses Phänomen hat seine Ursache in der Resonanz. Die Schallwellen der A1-Stimmgabel können nur Systeme anregen, welche dieselbe Eigenfrequenz, also $f = 440$ Hz, aufweisen und so periodisch im richtigen Takt mitschwingen. Im Laufe der Schülerexperimentierwoche ist die Station um eine c-Stimmgabel ($f = 128$ Hz) erweitert worden. Das war notwendig, um auch den negativen Effekt zu zeigen. Schlägt man a1-Stimmgabel an, so schwingt die c-Stimmgabel nicht mit. Eine kleine a1-Stimmgabel unterstützte die Theorie dahingehend, dass die Form und Gestalt nichts mit der Resonanz zu tun haben, sonder lediglich die Eigenfrequenzen der Stimmgabeln.

Den Schülern soll hier der Begriff der Resonanz näher gebracht werden. Schallwellen breiten sich in Luft aus und können andere Objekte in Schwingung versetzen, sofern die Eigenfrequenzen übereinstimmen. Den meisten Schülern ist das Bild der Soubrette geläufig, die es schafft durch ihren Gesang, ein Glas zerspringen zu lassen. Außerdem war zu erkennen, dass bei wachsender Entfernung zur Schallquelle die Lautstärke des Tones abnimmt. Die 9. bzw. 10. Klassen können in diesem Zusammenhang mit gedämpfter Schwingung konfrontiert werden.

Für die Schüler war dieses Experiment eine Herausforderung. Viele verstanden zwar den Inhalt der Geschichte, konnten aber das Phänomen nicht auf die Stimmgabeln reduzieren. Es war hier verstärkt notwendig, Hilfestellungen zu geben, um den Experimentierablauf zu sichern. Bei der Durchführung verließen sich viele auf ihre feinmotorischen Fähigkeiten und berührten die zweite Stimmgabel zur Überprüfung so sanft wie möglich mit den Fingerspitzen. Bis auf ein paar Ausnahmen kam kein Schüler von sich auf die Idee, zu hören, ob die Stimmgabel mitschwingt. Auch hier war es notwendig, die Schüler zu ermutigen, statt Tastsinn und Auge, das Gehör zu nutzen. Die Erklärung des Phänomens durch die Schüler hingegen war überwiegend richtig und selbstständig erfasst worden. Da aber einige Form und Gestalt der Stimmgabeln für die Resonanz ins Auge fassten, war es, wie schon erwähnt notwendig, weitere Stimmgabeln bereitzustellen. Desweiteren hätte es mehr geholfen, wenn die Schüler eine richtige Gitarre vor sich gehabt hätten, um das Phänomen auch mit dem Alltag verbinden zu können.

2.3. Station 3 - Die Wette

Die Wette ergründet, wie Musik Kerzen ausblasen kann. Die Schüler erhielten einen Trichter, welcher mit einem Ballon bespannt war. Dieser diente als Membran. Schlägt man auf die Membran, kommt ein Luftstoß aus der Trichteröffnung heraus. Ziel war es nun, so viele Teelichter wie möglich mit einem Mal auszublasen. Es durfte nur der Trichter benutzt werden.

Um die Kerzen auszublasen, schlägt man oder zieht man an der Membran, sodass diese in Bewegung versetzt wird. Die Bewegung der Membran versetzt die Luft im Trichter in Schwingung. Die Angeregte Luft gelangt durch die Trichteröffnung nach außen. Gemäß der Gleichung für Strömungsgeschwindigkeit und Strömungsquerschnitt

$$\frac{A_1}{A_2} = \frac{v_2}{v_1}$$

folgt, dass die Luft mit einer hohen Geschwindigkeit durch die Trichteröffnung gelangt, welche ausreicht, eine Kerze auszublasen. Die Station soll zeigen, wie Lautsprecher funktionieren und Schallwellen noch visualisiert werden können. In Lautsprechern werden ebenfalls eine Membran angeregt, welche wiederum die Luft in Schwingung versetzt, was wir letztlich als Ton bzw. Musik wahrnehmen.

Die Schüler lernen, wie Musik aus dem Lautsprecher kommt und wie sich Schallwellen fortbewegen. Anhand der Kerzen konnten sie sehr gut sehen, dass Luft schwingt und den Schall fortträgt. Um das Experiment weiter zu vertiefen, wurde die Station dahingehend erweitert, dass eine Reihe von Kerzen vor einen Lautsprecher gestellt wurde. Der Lautsprecher war in der Lage sehr laute und sehr tiefe Töne zu übertragen. Beim Abspielen von *Infinity*[2], welches den Schülern sehr bekannt war, wurden die Kerzen nach bereits wenigen Akkorden von den heftigen Luftstößen ausgeblasen. Die Wucht, welche Musik bzw. Schallwellen haben kann, wurde hier sehr wirkungsvoll dargestellt.

Die Wette motivierte die Schüler, verschiedene Möglichkeiten auszuprobieren, wie man die Kerzenreihe am besten ausblasen kann. Ein Schüler schafte 6 Teelichter auf einmal und

---

[2] Musik: Guru Josh Project, Text: Paul Walden, ©2008.

stellte damit ein Ziel für die Schüler, welches sie erreichen wollten. Die Freude an den einfachsten Dingen war jedem abzulesen. Ein großes Staunen wurde immer durch die Demonstration der Wirkung von Musik hervorgerufen. Vielen Schülern war es nicht geläufig, dass sich Kerzen zur gespielten Musik mit bewegen können und sogar ausblasen lassen.

2.4. Station 4 – Die Männer von der Sicherheitsfirma

Im Zeitalter des Mobilfunks nehmen viele Schüler ein Telefongespräch als selbstverständlich hin und wissen meist gar nicht, wie es im Grunde funktioniert, dass man den anderen hört. Ein selbstgebautes Bechertelefon sollte hier für Aufklärung sorgen. Die Aufgabe bestand nämlich gerade darin herauszufinden, wie ein Bechertelefon funktioniert. Dazu sollte mindestens ein Schüler das Zimmer verlassen und sich im Hof aufstellen. Das Bechertelefon mit einer geschätzten Länge von 10-12m wurde aus dem Fenster gelassen und die Schüler sollten miteinander reden.

Spricht man in einen Becher hinein, so versetzen die Schallwellen der Stimme den Becher in Schwingung. Die Schwingung wird auf den straff gespannten Strick zwischen den PVC-Bechern übertragen und anschließend auf den zweiten Becher am anderen Ende. Dort entstehen wieder Schallwellen, welche durch Resonanzen verstärkt werden. Diese Schallwellen nimmt man dann als Stimme des Gesprächspartners war. Die Stimme ist allerdings leiser und dumpfer als die Quelle. Wichtig ist es zu beachten, dass die Schnur gerade und straff gehalten wird, da sich die Schwingung andernfalls nicht richtig ausbreiten kann.

Die Schüler erkennen an diesem Experiment die Grundprinzipien der Telefonie. Die Stimme des Senders gelangt mittels eines Mediums zum Empfänger. Bei Telefonen wird die Stimme in elektrische Signale umgewandelt und via Telefonkabel zum Gesprächspartner geleitet, wo die Signale in hörbare Klänge umgewandelt werden. Mobilfunktelefone sind kabellos und die elektrischen Signale werden als elektromagnetische Wellen übertragen.

Die Schüler zeigten anfangs erstaunlicher Weise ein nicht ganz ausgeprägtes Interesse. Die Gründe lagen in den Alltagserfahrungen. Viele haben das Bechertelefon bereits ausprobiert oder haben im Fernsehen gesehen, wie es funktioniert. Jedoch stellte sich sehr schnell heraus, dass ein Großteil nur halbes Wissen mitbrachte. Statt den Strick straff zu halten, ließen diese ihn immer durchhängen und wunderten sich, dass es nicht funktionierte. Als man sie dann darauf aufmerksam machte, waren die Schüler teils ernüchtert teils begeistert

Letztere probierten viel und unterhielten sich lange. Vorwiegend die Mädchen zeigte wenn dann ein reges Interesse am telefonieren. Im Großen und Ganzen aber lockte das Bechertelefon die Schüler nicht sonderlich.

2.5. Station 5 – Im Rausch der Geschwindigkeiten

Im Alltag der Schüler kommen immer wieder akustische Phänomene zu Tage, welche schlichtweg verwundern, erstaunen, nachdenklich machen. Ein Krankenwagen im Einsatz erzeugt zunächst einen hohen Sirenenton und wenn er an einem vorbeigefahren ist, hört man die Sirene viel tiefer als zuvor. Genauso verhält es sich auch bei Formel1-Wagen, deren Motorengeräusche im vorbeifahren variieren.

Für das Verständnis des hier angedeuteten Doppler-Effektes ist sehr viel Imagination notwendig. Zunächst wird ein kleiner Lautsprecher, welcher frei an einem Kabel hängt an eine Spannungsquelle angeschlossen. Die Bauart des Lautsprechers erlaubt die Wiedergabe eines *sauberen*, d.h. gleichbleibenden, Tones. Versetzt man den Lautsprecher in eine Kreisbewegung, indem man ihn wie ein Lasso schwingt, so hört man im regelmäßigen Abstand hohe und tiefe Töne. Die Ursache liegt in den Schallwellen. Schallwellen breiten sich ähnlich wie Wasserwellen allseitig aus. Wenn sich die Quelle der Schallwellen in Ausbreitungsrichtung bewegt, dann werden die Wellenfronten vor der Quelle gestaucht. Die Wellenlänge verringert sich; man hört einen hohen Ton. Umgekehrt werden die Wellenfronten gestreckt, wenn sich die Quelle entgegen der Ausbreitungsrichtung bewegt. Die Wellenlänge wird größer; man hört einen tiefen Ton. Der sog. Doppler-Effekt fasst dieses Phänomen in einem zusammen.

Die Schüler benötigen wie schon erwähnt viel bildliche Vorstellungskraft. Zudem müssen sie in etwa eine Vorstellung von Schwingungen und Wellen besitzen, welche durch die vorherigen Stationen zum Teil vermittelt wird. Ihnen wird hier auf überwiegend theoretische Weise der Doppler-Effekt erklärt und mit Alltagsbeispielen verständlicher gemacht. Außerdem hilft eine Computeranimation, die Stauchung bzw. Streckung der Wellenfronten zu verstehen. Die Schüler haben nach Bearbeitung eine ungefähre Vorstellung von der Ursache des anfangs geschilderten Alltagsphänomens und können dieses in seinen Grundprinzipien erklären.

Eine große Hürde bei diesem Experiment waren die fehlenden Grundlagen zu Wellen und ihren Eigenschaften. Da die Gruppen eines jeden Durchgangs immer geteilt wurden, fehlten einer Hälfte stets diese Grundlagen. Man versuchte dem durch gezieltere Erklärungen entgegenzuwirken. Doch es stellte sich heraus, dass es vielen Schülern schwer fiel, zu folgen. Seitens der begleitenden Lehrer hörte man vereinzelt, dass es zu hoch gegriffen sei, den Doppler-Effekt unter diesen Bedingungen zu erklären. Die Animation am Computer schien allerdings plausibel und wenig anspruchsvoll, weshalb wahrscheinlich die Erklärung des Phänomens selber für die Schüler zu schwer war. Es wäre im Nachhinein sicher notwendig gewesen, an dieser Stelle nachzubessern.

2.6. Station 6 – Lärmende Stille

Lärmbelästigung und Schmerzgrenze der Ohren hört man öfters in den Medien. Aus diesem Grund war es eine Option, Schallpegelmessungen durchzuführen. Damit verbunden ist ein anspruchsvoller, technischer Aufwand. Neben den Schallpegelmessgeräten benötigt man einen Computer, leistungsstarke Lautsprecher, ein Mischpult und Audio-Dateien zum Abspielen der Geräusche. Ziel war es herauszufinden, welches Geräusch welchen Schallpegel besitzt und was zu hören ist. Die Bandbreite reichte vom Start eines Düsenjets (125 dB) bis zum Grasen einer Kuh auf der Weide (ca. 60 dB).

Die Ausgabe der Geräusche wird mittels des Mischpultes so eingestellt, dass sie der Lautstärke in natura in nichts nachsteht. Die Feinkalibrierung erforderte eine gewisse Zeit und wurde so aufgebaut, dass der Raum um die Anordnung herum möglichst Schalldicht ist. Um die Messungen zu beginnen, war es nur noch nötig, die Audio-Dateien abzuspielen und den höchsten Wert von der Anzeige des Messgerätes abzulesen. Die Schallwellen aus den Lautsprechern treffen dabei auf das Mikrophon am Schallpegelmesser und werden in ein elektrisches Signal umgewandelt. Auf der Anzeige erscheint dann der erfasste Wert für den Schallpegel.

Die Schüler erfassen hier experimental Messgrößen und werten diese aus. Die psychomotorischen Fertigkeiten werden hier in vollem Maße abverlangt, da eine präzise Messung von Nöten ist, um ans Ziel zu gelangen. Die Schüler erkennen, dass bestimmte Rahmenbedingen (*hier*: schalldichter Raum, Feinkalibrierung der Apparatur) erforderlich sind, damit die Ergebnisse sinnvoll und richtig sind. Auch wird ihnen vermittelt, dass mehrmalige Messungen den Fehler eingrenzen und das Resultat zufriedenstellender ist. Ein weiterer wichtiger Punkt ist, dass die Schüler einmal mit Schallpegelmessungen konfrontiert werden und auch sensibilisiert werden für Schmerzgrenzen des Gehörs. Der *pädagogische Aspekt* wird insofern beibehalten, als dass man den Schülern ausdrückliche Hinweise darauf gibt, dass das Gehör nicht überlastet werden darf durch zu laute Musik oder ähnlichem.

Die Schallpegelmessung ist bei allen Beteiligten gut angekommen. Die Schüler wurden auch selber aktiv, indem sie versuchten, allein oder in der Gruppe möglichst laut zu schreien. Die höchsten Werte lagen dabei bei 119 dB. Das entspricht der Schmerzgrenze des menschlichen Gehörs und ist vergleichbar Intensiv wie ein Presslufthammer. Zwar war es anfangs nicht so geplant, aber der verbreitete Wunsch der Schüler, ihre eigene Stimme ans Maximum zu treiben, ließ diesen Part fest mit in die Station einfließen. Die Schüler wurden motiviert, was einer komplexen Stationsarbeit nur entgegenkommen kann.

2.7. Station 7 – Singende Gläser und Flaschen

Im finalen Teil der Akustik wurde Musik gemacht. Final deshalb, da im Verlauf der Experimentierwoche die Erfahrung gemacht wurde, dass es besser sei, diese Station an das Ende eines Durchgangs zu stellen. Man benötigte eine gewisse Zeit für die Durchführung der Station, welche meist am Ende zur Verfügung stand, wenn alle Stationen erledigt wurden. Die singenden Gläser und Flaschen sollten von den Schülern so abgefüllt werden, dass diese einfache Lieder nachspielen konnten. Reibt man mit einem nassen Finger entlang eines Glasrandes, so ist ein deutlicher Ton zu hören. Selbiges trifft auch auf die Flaschen zu, wenn man über die Öffnung bläst.

Die befeuchteten Finger fahren entlang des Glasrandes und wechseln dabei ständig zwischen einem Haften und Gleiten. Die Wand des Glases wird in Schwingung versetzt und zeitgleich die umgebende Luft. Ein Ton ist zu hören. Bei einem leeren Glas hört man einen relativ hohen Ton (hier ein g1, f = 392 Hz). Füllt man ein Glas mit Wasser auf, so dämpft dieses die Schwingung des Glasrandes. Infolge dessen sinkt die Frequenz und die zu hörenden Töne werden tiefer. Es war somit möglich mit 5 Gläsern eine Tonleiterfolge von c1 (f = 261 Hz) bis g1 aufzubauen. Umgekehrt funktioniert es mit den Flaschen. Der hineingeblasene Luftstrom versetzt die Luftsäule in den Flaschen in Schwingung. Durch Resonanz mit der Luftsäule (sprich: Ausbildung einer stehenden Welle mit $d = \frac{n\lambda}{2}$), stellt sich die Schwingung auf die Tonhöhe ein. Je größer dabei die Luftsäule ist, desto tiefer ist der Ton der wahrgenommen wird. Durch Einfüllen von Wasser kann die Tonhöhe beliebig variiert werden. Die Flaschen bilden eine Analogie zu Holzblasinstrumenten, welche auf demselben Prinzip aufbauen. Saxophone beispielsweise spielen den tiefsten Ton, wenn alle Löcher geschlossen sind; die Luftsäule ist vergleichsweise am längsten. Öffnet man nach und nach von unten nach oben die Klappen des Saxophons steigt die Tonhöhe kontinuierlich.

Die Schüler können sich in diesem Experiment musikalisch betätigen. In diesem Sinne verbindet man den Musikunterricht mit dem Physikunterricht auf einfachste Weise. Sie lernen das Prinzip von Holzblasinstrumenten kennen und verstehen die Funktionsweise der singenden Gläser. Belohnt wird dieses Experiment mit dem Nachspielen eines einfachen Kinderliedes, bei welchem die Schüler auch nochmal ihr Taktgefühl und ihre Notenkenntnisse auffrischen. Da jeder Schüler nur ein Glas erhielt und somit ein Teil des ganzen *Orchesters* darstellte, mussten diese konzentriert und teamorientiert arbeiten. Die Gläser haben die Schüler bis auf den letzten ermuntert, aktiv mitzumachen. Viele probierten sich zunächst daran aus, die Töne sauber zu spielen. Dabei stellte sich manchmal heraus, dass einige Gläser zu hoch oder zu tief waren. Erfreulicher Weise konnten sich die Schüler selber zu helfen wissen, indem sie die Wassersäule variierten. Dies war nicht zuletzt ein Indiz dafür, dass sie etwas gelernt hatten. Desweiteren motivierten sie sich selber, da sie die Lieder immer wieder spielen wollten, bis es wirklich perfekt klingt. Da meistens noch Zeit übrig blieb, wurde das Repertoire erweitert um die *Ode an die Freude*[3]. Im weiteren Verlauf steigerte sich der Schwierigkeitsgrad der Station. Den Schülern wurden lediglich die Noten präsentiert, welche nachgespielt und bekannten Liedern zuzuordnen waren. Hier waren Teamarbeit und Taktgefühl gefragt, um die Melodie richtig zu spielen. Leider muss man aber erwähnen, dass die Flaschen nur einen kurzen Auftritt hatten, weil einige zu Bruch gingen und die Melodie folglich unvollständig war.

---

[3] Musik: Ludwig v. Beethoven, Symphonie Nr. 9, 4. Satz in C-Dur.

3.) Res severa verum gaudium

Nach Beendigung der Schülerexperimentierwoche muss man festhalten, dass die Resonanz von den Schülern außerordentlich positiv war. Trotzdessen es sich alles um Physik drehte, hat jeder seinen Teil dazu beigetragen und der Vorarbeit an den Stationen einen Sinn gegeben. Viele anwesende Lehrer haben sich ebenfalls an den Stationen ausprobiert und ihren Spaß gehabt. Sowohl die Schüler als auch die Betreuer der Stationen haben die lockere Atmosphäre ohne Zwänge genossen. Da die Schüler nichts mitschreiben mussten, konnte man sich einmal vollkommen auf das Experiment konzentrieren, was die Schüler und Lehrer sehr begrüßt haben.

Es war ebenfalls von Vorteil, dass ein Computer mit Internetzugang vorhanden war. Somit konnte man den Schülern auch zwischendurch einmal interessante Videos zum Ruben'schen Flammenrohr oder das GlasBlasSingQuintett zeigen. Letztere machen Musik auf Flaschen, Trinkwasserspendern und Leergutkästen. Es war teilweise eine gute Einlage zur Abrundung der singenden Gläser und Flaschen.

Etwas Heiteres zu machen, ist eine ernste Sache. Das hat die Schülerexperimentierwoche nachhaltig gezeigt Die Erfahrungen während der Experimentierwoche haben aufgezeigt, dass man methodisch auf einem guten Weg ist, um Schülern Physik näher zu bringen. Sicherlich ist die Stimmung an der Universität ein andere als im Unterricht, aber dennoch war es lohnenswert, sich mit verschiedenen Altersstufen auseinandersetzen zu dürfen, um für den späteren Unterricht besser gewappnet zu sein.